故事里的精神心理学丛书

# 心有千千结
## 全景解读孩子的焦虑

北京市海淀区心理康复医院　编著

知识产权出版社
全国百佳图书出版单位
—北京—

**图书在版编目（CIP）数据**

心有千千结：全景解读孩子的焦虑 / 北京市海淀区心理康复医院编著 . —北京：知识产权出版社，2025.6. —（故事里的精神心理学丛书）. — ISBN 978-7-5130-9819-9

Ⅰ. B844.1

中国国家版本馆 CIP 数据核字第 20258YV249 号

**责任编辑**：刘林波

**责任校对**：王　岩

**责任印制**：刘译文

**封面设计**：智兴设计室·索晓青

**版式设计**：智兴设计室·商　宓

**插图提供**：星火映画·鄢丽艳　牛志行　孙佳缘

**供图说明**：本书插图采用 AI 技术辅助创作

故事里的精神心理学丛书

**心有千千结：全景解读孩子的焦虑**

北京市海淀区心理康复医院　编著

| | | | |
|---|---|---|---|
| 出版发行： | 知识产权出版社 有限责任公司 | 网　　址： | http：//www.ipph.cn |
| 社　　址： | 北京市海淀区气象路 50 号院 | 邮　　编： | 100081 |
| 责编电话： | 010-82000860 转 8787 | 责编邮箱： | liumuu@qq.com |
| 发行电话： | 010-82000860 转 8101/8102 | 发行传真： | 010-82000893/82005070/82000270 |
| 印　　刷： | 天津嘉恒印务有限公司 | 经　　销： | 新华书店、各大网上书店及相关专业书店 |
| 开　　本： | 787mm×1092mm 1/16 | 印　　张： | 4.25 |
| 版　　次： | 2025 年 6 月第 1 版 | 印　　次： | 2025 年 6 月第 1 次印刷 |
| 字　　数： | 63 千字 | 定　　价： | 39.00 元 |

ISBN 978-7-5130-9819-9

# 编 委 会

丛 书 主 编：李文秀

丛书副主编：何 锐 谢兴伟

本 书 主 编：付晨光 王 慧 杨环宇

本 书 编 委：常正姣 李 阳 梁 茵

孙 辉 盛笑莹 杨 娜

张 冲 赵子涵

# 丛 书 序

　　儿童青少年时期是孩子身心发育的关键阶段。在这个阶段，孩子们如同蓬勃生长的树苗，快速拔节。生理上，他们体内激素水平发生着剧烈变化，大脑也处于迅猛发育之中，神经元不断建立新的连接，神经环路逐步塑造完善；同时，他们的心理状态也发生着巨变，认知方式逐渐从具象向抽象过渡，自我意识开始觉醒并迅速发展，情感世界日益丰富却又缺乏足够的调节能力；此外，在社交方面，他们开始尝试摆脱对家庭的依赖，试图融入同伴群体中。

　　这个阶段，无论对孩子还是家庭，都充满了挑战。2024 年联合国儿童基金会发布的青少年心理健康报告中指出，据估算，全球超过 14% 的 10~19 岁儿童青少年患有世界卫生组织定义的精神疾病（约每 7 名儿童青少年中有 1 人），约 4.4% 的 10~14 岁儿童和 5.5% 的 15~19 岁青少年患有焦虑症；约 1.4% 的 10~14 岁儿童和 3.5% 的 15~19 岁青少年患有抑郁症。2021 年首个中国少年儿童精神疾病患病率的流调报告显示，我国儿童青少年整体精神障碍流行率为 17.5%。从精神疾病的首发年龄分析，50% 的精神疾病首次发病于 14 岁之前。

　　因此，帮助家长和教师理解、辨别以及有效处理孩子的精神心理问题刻不容缓。过往诸多关于儿童青少年心理养育的书籍，往往侧重于心理学知识的传授，虽为家长构建了一定的知识框架，然而，家长在实际生活中，面对孩子复杂多变的情绪与行为时，依旧常常感到迷茫无措。

　　本丛书独树一帜地精准聚焦于儿童青少年精神疾病的早期识别与筛查。每一个案例都是一扇窗，透过它，家长得以窥视到那些细微却关键的早期信号，帮助家长在疾病初萌之时，采取有效的干预措施。

　　每册书中精心整理的诊疗案例，从常见的情绪障碍到较为隐匿的发展性问题，涵盖了广泛的精神疾病类型。每个案例不仅深入剖析了疾病的外在表现，更追溯其根源，将晦涩的医学知识转化为通俗易懂的家长指南。通过这些案例，家长能够学会如何从孩子的日常行为、言语交流、情绪变化等方面捕捉到不寻常的蛛丝马迹。

　　本丛书强调实战性与实用性，为家长提供了有力支持，助力他们成为孩子心灵的最佳守护者。愿每一位翻开此书的家长，都能从中汲取智慧与力量，为孩子的精神苗圃引来春日与暖阳。

王　刚

首都医科大学附属北京安定医院院长

# 前　言

　　儿童与青少年时期是一段充满活力、探索和成长的时期，多被视为人一生中的黄金时光。然而，对于许多孩子，尤其是那些正在与焦虑作斗争的孩子来说，这个时期可能并不那么轻松和愉快。

　　焦虑是一种复杂的情绪，它可能会以多种方式影响孩子的生活。从轻微的不安到深重的惊恐，焦虑有多种面貌，而且它的症状经常变化。本书旨在深入探讨焦虑障碍，解释它如何影响我们的孩子，帮助家长和老师一同与孩子应对和克服这个挑战。

　　孩子们可能会因为各种原因感到焦虑，但他们往往会将这些感受隐藏起来，因为他们不知道如何表达，或者担心他人的反应。然而，如果不加处理，焦虑可能会逐渐累积，对孩子的心理、情感和生理健康产生长期的影响。

　　我们希望这本书能为您提供一个框架，帮助您理解、识别和应对儿童与青少年的焦虑障碍。通过深入研究焦虑的各个方面，我们可以更好地支持和指导我们的孩子，帮助他们建立应对策略，使他们能够充分发挥自己的潜力，过上幸福、健康的生活。

**开篇故事** 小悦与隐形的"焦虑怪兽" 1

**第一部分** 焦虑的基础知识 3

什么是焦虑 4

焦虑障碍的症状 5

**第二部分** 详解各类焦虑障碍 9

分离焦虑障碍——不仅仅是"想妈妈的眼泪" 11

选择性缄默症——被"锁住"的嘴巴 13

社交焦虑障碍——孩子的"隐形枷锁" 19

特定恐怖症——"小怕怕"成"大"问题 25

惊恐障碍——"吓破胆"的"恐慌旋风" 27

广泛性焦虑障碍——乱如麻的小担忧成为心头重石 30

**第三部分** 焦虑在儿童与青少年中的特点与影响 35

**常常被忽视的儿童期焦虑** 36

"小担忧"还是真正的困扰 36

焦虑未经治疗的后果 37

身体不适通常是儿童体验焦虑的方式 39

**焦虑在青少年中的特殊性** 41

青少年的焦虑与儿童时期有何不同 41

焦虑与拒绝上学 44

焦虑与不良习惯 45

焦虑与抑郁的双重挑战 46

**焦虑与行为问题** 47

焦虑如何导致问题行为 47

"坏脾气"的伪装者 48

学校里的"问题孩子" 49

焦虑还是 ADHD 50

续篇导读                  51

参考文献                  53

术语解析                  54

附录                  57

    相关量表                57

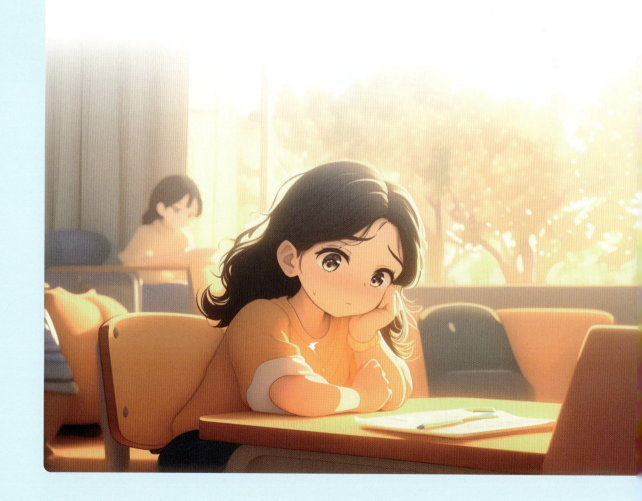

# 开篇故事

## 小悦与隐形的"焦虑怪兽"

小悦是一个 12 岁的少女，每天都像生活在一个不可见的巨大气泡里，这个气泡就是她的"焦虑怪兽"。

早上，当闹钟响起，小悦的第一个念头并不是对今天的期待，而是对学校的担忧：今天的课堂会是什么样的？她的朋友们是否还喜欢她？她的成绩能否满足老师和父母的要求？这些念头让她感到心跳加速，肚子绞痛。

走进学校，小悦经常觉得所有人都在看她、评价她。每当小组讨论时，她都害怕说错话，害怕被别人嘲笑，所以她常常选择沉默。老师提问她时，她宁愿承受不回答的尴尬，也不敢面对答错的可能性。

课间，当其他同学玩得开心时，小悦却害怕与他们交往，害怕被拒绝。她宁愿独自躲在一个角落，沉浸在自己的小世界里。

放学后，小悦回到家，而她的"焦虑怪兽"并没有离开。她害怕明天再次面对学校的一切，害怕父母对她的期望，害怕自己不能成为一个"完美的"女孩。

在家长、老师和同学看来，小悦只是一个害羞、内向的孩子，但实际上，她每天都在与自己的"焦虑怪兽"作斗争，期望有一天能够打败它，真正地自由自在。

第一部分

焦虑的基础知识

## 什么是焦虑

如果你在黑暗中听到一个怪异的声响，或在一段阴暗偏僻的小路上行走，你是否会感到周围隐藏着危险，心跳加速，精神紧张？当你面对未知的环境或情况时，你是否会担心发生什么意外或麻烦？这就是焦虑。

事实上，适度的焦虑是与生俱来的"安全警报"，它让我们保持警觉，随时准备应对潜在的危险。但如果像开篇故事里的小悦那样，心里的"焦虑怪兽"几乎每天都在躁动，让她不敢上学、回避朋友，甚至害怕出门，这就超出了正常警报的范围，可能已经发展成焦虑障碍（anxiety disorder），需要专业帮助。

焦虑障碍并不是孩子的错。它就像是一个过度活跃的心灵"警卫"，总是警示着可能的威胁，只是那些威胁可能并不存在，反而会给孩子造成困扰。重要的是，我们需要知道如何帮助孩子，让孩子理解这个"警卫"，学会与其和平共处，找回宁静和自信。

需要说明的是，在精神心理学里，对眼前真实威胁（如一条突然冲出的恶狗）的即时的反应被称为"恐惧/惊吓"，而对尚未发生、难以捉摸的威胁（如黑暗中不知来源的异响）所产生的持续担忧，则叫作"焦虑"。二者像同一套警报系统的两个刻度：面临的危险越具体，我们的反应越偏向恐惧；危险越模糊，反应则越偏向焦虑。因此，在讨论焦虑障碍时，我们也会提到恐惧，因为它们共享同一条"预警回路"，只是音量和节奏不同。

## 焦虑障碍的症状

生活中的焦虑有许多面目，每个孩子的体验都是独特的。但当焦虑逐渐变得过度，并持续影响孩子的日常生活，我们就要注意是否存在焦虑障碍的迹象。以下是焦虑障碍的一些常见症状。

### ● 睡眠困难

这是儿童焦虑障碍的常见症状之一。当孩子感受到焦虑时，他们可能会很难入睡或睡不好。焦虑可能会导致他们的异常思维活跃，不断地回想令他们焦虑的事情，或担心即将发生的事情，从而影响睡眠质量和持续时间。

### ● 胃痛或其他身体症状

焦虑不仅会影响孩子的心理状态，还可能导致孩子出现身体症状。例如，孩子可能会感到胃痛、头痛或其他身体不适。这些身体症状可能是焦虑的直接结果。有些孩子还没有学会如何表达他们的焦虑感受，但他们可能会通过表达身体不适来寻求关注和帮助。

### ● 回避某些情境

孩子在面对某些特定的环境或情况时，可能会选择逃避或拒绝，以避免可能发生的不适、压力或恐惧。这种行为可能是基于孩子的焦虑、恐惧、不安或其他负面感受。例如，一位学生害怕在公共场合发言，他可能会选择避免参加任何需要他公开讲话的活动。通过回避这些情境，孩子试图减轻或消除自己的不适感，尽管这种逃避行为可能会长期影响其社交、学习或工作表现。

### ● 在父母或照顾者身边表现得很依恋

焦虑会使孩子在父母或照顾者身边表现出过度依赖或黏人的行为。在这种情况下，孩子可能会表现出对父母或照顾者的强烈依恋，不愿意离开他们，甚至可能在没有他们的陪伴时感到不安或恐惧。这种行为通常是孩子在感到不安、害怕或焦虑时寻求安慰和安全感的一种方式。例如，面对陌生环境、不熟悉的人或不确定的情境时，孩子可能会更加依赖父母或照顾者，以获得安慰和支持。

小明今年6岁，是一个活泼好动的孩子。在家的时候，他经常会和父母一起玩耍，跑来跑去，非常快乐。但是，当小明与家人去到一个陌生的环境时，他的性格似乎完全改变了。

比如，小明的父母带他去一个大型的儿童乐园。到了乐园，小明的行为和他在家的时候完全不同。他紧紧地抓住妈妈的手，不敢离开，即使是最吸引孩子的游乐项目，他也没有兴趣。每当有陌生的小朋友接近，他就会躲到妈妈身后，像妈妈的一个小小影子。

不只是在乐园，只要是面对陌生的环境，小明都会表现得特别依恋父母。去超市购物、参加家庭聚会，甚至只是去一个新的公园，小明都不愿离开父母太远。

对于某些孩子来说，过度的依恋可能是他们试图应对不安或焦虑的方式。他们依赖于父母或照顾者为他们提供的安全和舒适的感觉。当我们觉察到孩子有这种行为时，不应该简单地理解为"孩子太黏人"或"太害羞"，而应该进一步探索背后可能的原因，并寻求专家的帮助。

### ● 在课堂上难以集中注意力

孩子可能因为内心的焦虑或不安，而在课堂上难以集中注意力，或表现出过度的活动和烦躁不安的行为，如不停地扭动身体、摆弄手指或其他类似的行为。这种身体上的躁动可能是他们在尝试缓解内心的焦虑或不安感。

### ● 乱发脾气

乱发脾气通常指的是孩子在情感上失控的行为表现，如哭喊、尖叫、踢打、甩手、甩脚或者在地上打滚。这种行为通常是因为孩子在某些情况下得不到他们想要的东西或者感受到挫败、不安、压力以及其他负面情感而产生的。

### ● 过度的自我意识

过度的自我意识是孩子过度关注自我表现或者他人评价的一种状态。在这种状态下，孩子可能会对自己的外貌、行为或者其他个人特质感到不安或担忧，尤其是在公共场合或社交环境中。他们可能会担心自己做错事、看起来愚蠢或受到他人的评判。这种过度的自我意识会妨碍个体的社交互动，使他们在社交场合感到不自在或焦虑。

案例故事

多多是五年级的学生，她非常喜欢阅读和画画，但对于参加学校的集体活动，她总是避之不及。每当学校有才艺展示或者小型的舞台表演，多多是肯定不会自告奋勇的。不仅如此，哪怕是在班级分享时站起身来回答问题，她都会脸红，声音小到其他人几乎听不见。

事实上，多多并不是不懂，她只是非常在意自己在同学面前的形象。她常常在想："如果我回答错了会怎么样？""别人会不会嘲笑我的衣服？""我说话的声音是不是听起来很奇怪？"这种担忧，使她宁愿选择沉默，也不愿意冒险成为大家注意的焦点。

过度的自我意识不仅意味着孩子的"害羞"。对于多多而言，每当她在公众面前说话或做事，都好像有一双"隐形的眼睛"紧紧盯着她，放大她的每一个缺点，这让她非常害怕、不安。这实际上可能是一个更深层次的焦虑问题。

第二部分

详解各类焦虑障碍

生活中，每个孩子都有过焦虑的体验。适度的焦虑就像上课铃声，短促而清晰，提醒孩子该收心、专注，有助于提高警觉和做事效率；但当焦虑持续不断时，就像上课铃声被调成全天候的刺耳警报，淹没老师的讲解，也盖过同伴的欢笑，让孩子的学习和生活都无从安宁。

那么，怎样知道孩子的焦虑是否超标呢？

● **突如其来的惊慌"飓风"**

你可能会发现孩子无缘无故地变得紧张或害怕，就像是突然之间，有飓风将他们的小船吹得摇摇欲坠。

● **持续的焦虑"阴雨天"**

每个孩子都会有焦虑的时刻，但如果你的孩子长期处于"阴雨天"，那么是时候找出原因了。

● **逃避"日常冒险"**

你是否发现孩子开始避开一些日常活动，不论是户外游戏、学校活动，还是与朋友的聚会？他们以前可能会跃跃欲试地参加冒险，如今却犹豫不决或选择逃避。这可能是因为他们内心的"焦虑怪兽"在警告他们，冒险可能带来未知的威胁或危险。

当我们看到这些迹象时，不能简单地认为孩子是"害羞"或"过于敏感"。我们需要认识到：焦虑正在对他们造成真正的困扰。

每个人的焦虑都有所不同，导致孩子们有不同的担忧和恐惧表现。根据具体的表现，孩子们可能被诊断为不同的焦虑障碍。下面给大家介绍常见的焦虑障碍类型。

## 分离焦虑障碍——不仅仅是"想妈妈的眼泪"

当孩子第一次走进幼儿园，大多数孩子会泪眼汪汪，伤心地呼喊妈妈或爸爸。随着时间的推移，有的孩子会逐渐习惯并不再哭闹。但对于另一些孩子，这种现象不是短暂的，它可能像一个不停的闹钟，持续、重复地在他们的日常生活中响起。

这种现象的长期出现不只是因为孩子小，这是分离焦虑障碍（separation anxiety disorder），一种使孩子在与亲人分离时感到非常不安的心理健康问题。

### 怎样判断孩子是否有分离焦虑障碍

● **难舍难分**

孩子与父母或其他照顾者告别时特别困难，可能会哭泣、发脾气或者拖延时间。

● **"矫情"的关心**

他们经常表达对分开后家人可能会遭遇不好的事情的担忧，这种担忧远超过一般孩子的正常关心。

● **情绪爆发**

当知道即将需要离开父母或其他照顾者时，孩子可能会有过度的情绪反应，如大哭或大发脾气。

● **持续的"定位"需求**

孩子可能会频繁地询问父母的位置，并希望通过电话或发消息与他们保持紧密的联系。

● **跟随的"小影子"**

他们可能会像"小影子"一样，总是跟随着照顾者，不愿意离开他们的视线。

● **夜晚的噩梦**

孩子可能会做关于家庭成员遭遇不好事情的噩梦，这些噩梦可能会让他们夜间醒来并寻求安慰。

● **身体的信号**

因为持续的焦虑，他们可能会出现身体上的反应，如胃痛、头痛或头晕。

● 逃避的脚步

孩子可能会开始拒绝上学或参加其他活动，如与玩伴相约出去玩，因为他们害怕与家长或其他照顾者分开。

## 怎样对待分离焦虑障碍

如果您发现孩子有分离焦虑障碍的迹象，最重要的是与医生和心理健康专家紧密合作，确保为孩子选择最适合的治疗计划。

● 认知行为疗法 (cognitive behavior therapy, CBT)

这是一个主要的治疗方法，专注于帮助孩子理解他们的恐惧，并提供策略来管理和减少这些恐惧。通过 CBT，孩子可以学习识别并克服他们的负面思维，从而减轻他们的焦虑。

● 暴露疗法

作为 CBT 的一部分，暴露疗法的目标是让孩子在安全、受控的环境中逐步经历和处理他们的恐惧。例如，他们可能会先和父母分开几分钟，然后逐渐增加分开时间。这样，他们可以学会逐渐适应分离，并减少由此引发的焦虑。

● 药物治疗

在某些情况下，当上述心理治疗方法不足以缓解孩子的症状时，可能需要药物治疗。最常用的是称为 SSRI（选择性 5–羟色胺再摄取抑制剂）的抗抑郁药。这类药物已被证明能够有效调整大脑化学物质平衡，从而减轻焦虑的症状。此外，虽然可以使用抗焦虑药物，但必须遵照医嘱，不能擅用，因为某些药物有成瘾的风险。

## 选择性缄默症——被"锁住"的嘴巴

从字面上看，选择性缄默症（selective mutism）的名称可能会让人误解，似乎孩子是"选择"不说话。但事实上，这并非孩子的主动选择。其名称中的"选择性"是指孩子在特定的场合或情境中无法发出任何声音，哪怕是最简单的"嗨"。这并不是因为他们不想说话，而是一种深深的焦虑感使他们感到无法说话。

在家中，这些孩子可能和其他孩子一样活泼和健谈，但在学校、新环境或陌生人面前，他们变得完全沉默。在外界眼中，他们可能只是"特别害羞"，但实际上，他们的内心可能充满了恐惧和焦虑。

选择性缄默症的迹象通常在孩子三四岁时开始显现，但往往要等到孩子步入学校，与同龄孩子的行为形成对比时，才会被认识到这并非单纯的害羞，而是需要关注的问题。家长和老师需要明白，这并非孩子的任性或故意的行为。他们并不是选择沉默，而是某种内在的恐惧使他们在某些场合失声。理解并识别这一点，是帮助孩子走出沉默、建立自信的关键第一步。

### 如何识别选择性缄默症

为了识别选择性缄默症，我们不能简单地将其归类为"害羞"或"新环境适应期"。这背后的情况可能比我们想象的要复杂。

● **仔细对比不同情境下的反应：** 选择性缄默症的孩子与陌生人沟通时可能会显得特别拘谨。专家在评估时，会特别关注孩子在不同场合（如家中、学校等）与不同的人（如亲人、老师、同龄小伙伴等）的交往模式，以确保能够排除其他可能导致相似症状的障碍或原因。

● **特定场合下的沉默现象：** 孩子是不是在特定的场合或面对某些人时持续不说话，而在其他情境中又能畅所欲言？这正是选择性缄默症的显著标志。

● **沉默的持续时长：** 当孩子的沉默状态维持超过一个月时，我们需要更为小心地观察。但也要注意，孩子刚入学或转学的第一个月并不纳入考虑范围，因为每个孩子在面对新环境时，都需要一段时间来适应。

● **沉默的影响：** 如果这种沉默模式对孩子的学校表现和社交互动产生了负面影响，那么我们就更应该加以关注。

### 打破选择性缄默症的困境

当发现孩子有选择性缄默症时，作为家长或教育工作者，我们该如何介入，帮助他们找回声音？针对选择性缄默症，行为疗法，特别是受控暴露（controlled exposure）方法，已被证实有效。研究表明，这种方法在短时间内集中应用，会取得最好的效果。这可能需要与治疗师进行密集的、连续的交流。

### 药物辅助治疗

对于那些极度焦虑、难以仅通过行为疗法治疗的孩子，药物治疗也是一个有效选择。SSRI 类抗抑郁药物会产生良好效果。当然，需要在医生的监控下使用药物，以减少可能的副作用。

阿布，一个 8 岁的阳光男孩，有着一双明亮的眼睛。但他与众不同的地方是，他只在家里对爸爸妈妈说话。每当爷爷奶奶一出现，他的话匣子就仿佛立刻被锁住了。

在学校，阿布和同学们玩得很开心。他们跑跑跳跳，追逐打闹，但阿布始终不出声，即使是在最欢乐的游戏中。每当课堂上老师向他提问，尽管答案早已在他心中，但他只会害羞地低下头，不做声。

爷爷奶奶非常焦急，时常疑惑自己是不是哪里做得不对？爸爸妈妈也为此百思不得其解，阿布为何只和他们说话？

经心理专家的评估，家长才知道原来阿布可能患有选择性缄默症。这并不是他刻意为之，也不是谁的错。在某些特定的场合，尤其是陌生或正式的环境，阿布的内心会感受到巨大的焦虑，从而选择沉默。

得知此情后，家里的大人开始着手学习如何更好地帮助和理解阿布。他们深知，阿布的内心世界其实丰富多彩，只需要为他找到一个更加合适的方式，让他自由地与世界分享。

"心心理理"
小课堂

## 社交焦虑障碍和选择性缄默症的区别

　　社交焦虑障碍和选择性缄默症都是焦虑障碍这个大家族的成员，且两者有很多相似之处，但它们之间还是存在一些区别的。为了更好地帮助孩子，家长和老师需要了解这些区别。

### 疾病特点

● 选择性缄默症的孩子在某些特定场合或人群面前完全不说话，但在其他场合（如家里）可能会正常说话。他们的沉默并不是基于抗拒或固执，而是由于深切的焦虑。

● 社交焦虑障碍的孩子害怕与其他人交往，担心被评价或遭受羞辱。他们可能在公共场合感到不安，害怕成为注意的焦点。

### 发病年龄

● 选择性缄默症的症状通常在孩子 3~4 岁时开始出现。

● 社交焦虑障碍的症状出现得稍晚一些，通常在学龄儿童或青少年时期。

### 言语行为

● 社交焦虑障碍的孩子在大多数社交场合都可能会感到害羞或不安，但他们通常还是会说话。

● 选择性缄默症的孩子在特定的场合或面对特定的人群时可能完全不说话。

### 对话与表达

● 社交焦虑障碍的孩子在害怕的场合可能会避免眼神交流，语速快，声音小。

● 选择性缄默症的孩子在某些场合可能不仅不说话，也不发出声音，不点头或不摇头，甚至不做手势。

### 焦虑的核心

● 社交焦虑障碍的孩子害怕的是社交评价或被羞辱。

● 选择性缄默症的孩子的焦虑是与某些场合（如学校）或与某些人（如不熟悉的成人）相关的。

## 社交焦虑障碍——孩子的"隐形枷锁"

### 什么是社交焦虑障碍

每个孩子都可能在大庭广众之下或新环境中表现得腼腆。但想象一下，对某些孩子来说，这种感觉似乎一直存在。每次和他人互动，他们都好像被捆绑在聚光灯下，感受到他人目光的压迫。这就是社交焦虑障碍（social anxiety disorder）。

这不是简单的害羞或偶尔的羞涩。社交焦虑障碍是一种深深的、持续的恐惧。它导致孩子非常害怕被评价、批评或拒绝。结果，他们可能会回避许多平常孩子喜欢的活动，如参加朋友的生日聚会、在课堂上主动发言或在家人陪同下外出就餐，因为他们害怕成为其他人关注的中心。

当家长和教育者只看到这些孩子的"害羞"行为时，很容易把它归咎于"这个孩子就是这样的性格"。但实际上，这是孩子心中的 "隐形枷锁"——社交焦虑障碍造成的。

### 如何识别社交焦虑障碍的信号

当我们想到社交焦虑障碍时，可能会想到一个腼腆的孩子，避免与他人眼神接触。但实际上，真实的社交焦虑障碍要复杂得多，其迹象通常在孩子8~15岁显现出来，主要有两种。

- **舞台恐惧**：有的孩子害怕成为众人的焦点，他们会回避在公众场合发言、参与比赛运动或在众人面前表演。
- **日常恐惧**：有的孩子则对常规的社交互动产生强烈的焦虑感，如上学、考试、在餐馆进餐、认识新朋友，甚至仅仅是与他人进行简短的对话。

许多孩子选择"隐忍"他们的感受，试图不让人发现。但作为细心的家长和老师，我们可能会观察到他们的一些行为表现。

- **身体反应**：他们可能会出现颤抖、多汗或呼吸急促的反应。
- **心理忧虑**：他们可能会经常问自己："我刚才说的话太傻了吗？"或者"别人是不是都在笑我？"
- **情绪爆发**：对于即将发生的某个社交事件，他们可能会展现出异常的情绪波动，如发脾气或是大哭，尤其是年龄较小的孩子。
- **持续的不安**：他们会在害怕的事件发生很久之前就开始感到紧张和焦虑。

### 诊断社交焦虑障碍的关键因素

社交焦虑障碍并不仅仅表现为害羞或紧张，还会使孩子在社交环境中感到沉重的压迫感，以至于他们极度不安，甚至选择逃避。

但如何判断孩子是不是一时的情绪反应或单纯的羞涩呢？

● **与同龄人的互动**：关键的指标是，这种焦虑必须在孩子与同龄人的互动中出现，而不仅仅是在与成人交往时。

● **持续的时间**：如果你注意到孩子在社交环境中展现出强烈的不安和紧张，且这种不安和紧张已经持续了六个月或更长时间，那么可能需要进一步评估。

● **全方位了解**：当考虑社交焦虑障碍的可能性时，咨询心理健康专家是非常重要的。他们通常会与孩子的父母、老师和其他与孩子有接触的成人交谈，以进行全面、客观的评估。

### 帮助孩子打开"社交枷锁"

帮助孩子走出社交焦虑障碍的阴霾，有许多可行的方法。其中，心理治疗和药物治疗是两个最常见的途径。

● **心理之路**：认知行为疗法是一个在社交焦虑障碍的治疗中取得了明显成效的方法。这种疗法旨在帮助孩子识别并纠正他们的负面思维模式，从而学会应对社交场景中的挑战。

● **辅助之手——药物**：有时，心理疗法可能需要药物的辅助来实现更好的效果。通常推荐的药物包括 SSRI 类药物和 β 受体拮抗剂。但值得注意的是，医生通常建议这些药物治疗只作为短期解决方案，以减少可能的副作用。

## 小小舞台，大大心跳——了解孩子的表演焦虑

当孩子站在舞台上，灯光打在他身上，观众的目光也聚焦在他身上，此时，他的心跳可能比平常快了许多。这种感觉被称为表演焦虑，是很多孩子都会经历的一种紧张和害怕的情绪。事实上，这种焦虑在2013年发布的《精神障碍诊断与统计手册（第五版）》（DSM-5）中被归为社交焦虑的一个子类型。

表演焦虑有很多种表现形式，包括在学校演讲时的紧张、考试前的小慌乱、在运动会上的怯场、在公共场合发言时的恐惧，还可能涉及日常的学习、运动或任何孩子觉得需要展现自己的场合。

### 如何辨别孩子是否有表演焦虑

想象一下，孩子站在舞台上，准备开始他的表演，突然，他开始显得紧张、手脚不稳；在考试前，他变得特别焦虑，担心自己会忘记学过的内容。这些都可能是表演焦虑的迹象。表演焦虑会让孩子的大脑进入一种"战斗或逃跑"的模式，让他们变得更加警觉。

实际上，适度的紧张感有时对孩子是有益的，因为它会激发孩子"战斗或逃跑"反应，帮助他们更加集中注意力，做好应对。但是，过度的紧张感可能会限制孩子，使他们害怕参与某些活动或表现，甚至可能影响他们追求自己的目标。只是当这种紧张感过于强烈、影响到孩子的日常生活时，家长和老师就需要给予更多的关注和帮助。

### 为何孩子会有这种感觉

其实，这与大脑的工作方式有关。当孩子感到害怕时，大脑会释放一种叫肾上腺素的物质，它会引发一系列身体症状，包括肌肉麻木、手抖、出汗、恶心、脉搏加速和心跳加快、喉咙紧张和口干，从而帮助身体做好应对"危险"的准备。所以，当孩子感到紧张、害怕时，实际上是身体在尽力保护自己。

## 孩子在考前紧张是病吗

我们都知道，无论是大人还是孩子，在面对重要的考试或挑战时，心里总会有那么一丝丝紧张。实际上，适度的紧张和唤醒是可以帮助我们更好地应对挑战的。这就是耶克斯－多德森定律所揭示的：一定程度的唤醒可以提高我们的表现，但如果压力水平过高，可能会导致过度的焦虑，反而干扰我们的表现。

那么，孩子在考前感到紧张，这算是病吗？

答案是：不完全算。这种特殊的体验被称为考试焦虑，考试焦虑并不是《精神障碍诊断与统计手册（第五版）》中的独立的疾病，但可以被视为表演焦虑的一种。这种焦虑涉及孩子对考试的担忧，特别是担心自己在考试中的表现。有的孩子因为这种焦虑而难以回忆起平时学习的内容，从而影响考试的成绩。

### 考试焦虑有哪些症状

● **身体症状：** 孩子可能会出汗、颤抖、心跳加速、口干、头晕，有时还会感到恶心。在严重的情况下，甚至可能出现腹泻或呕吐。

● **认知和行为症状：** 孩子可能会尽量避免考试，如逃课甚至辍学。有的孩子会尝试用药物或酒精来减轻焦虑，这也可能导致他们出现记忆问题、注意力不集中，甚至自我贬低的情况。

● **情感症状：** 孩子可能会感到情绪低落、自尊心受损，或感到愤怒和失望。

考试焦虑不一定是病，但它确实会影响孩子的考试表现和日常生活。作为家长和老师，理解和支持孩子，帮助他们管理这种焦虑，是我们的责任。

## 特定恐怖症——"小怕怕"成"大"问题

特定恐怖症（specific phobia）并不是简单的"怕这怕那"，它是一种心理状态，会让孩子对一些实际上并不危险的事物感到深深的害怕。这其中，对狗、虫子、黑暗、大的噪声或舞台上的小丑等事物的恐惧尤为常见。只要孩子遇到或想到这些事物，就可能感到强烈的不安。家长需要明白，这些孩子本身并不容易对未来产生担忧或焦虑，而是某些具体事物让他们在当下感到恐惧。

成人通常能够明白这种恐惧其实并不合理，但对于孩子来说，他们是真的害怕。为了避开这些令他们害怕的事物，孩子可能会付出很多努力，这种恐惧有时会影响他们的正常生活。而在特定恐怖症的发病群体中，女孩的患病率比男孩要高。

### 特定恐怖症的症状是什么

这些孩子在遭遇恐惧源时，可能会：

● 明显地感受到强烈的恐惧；

● 仅是提及或想到这些事物，就能引起紧张和不安；

● 大哭或情绪失控；

● 身体上表现出颤抖、头晕或大量出汗等反应。

有时，一个孩子的恐惧并不仅仅限于一个事物。例如，他们可能既怕高高的滑梯，又怕浴缸里的水。

### 如何诊断特定恐怖症

如果孩子对通常被认为是安全的事物表现出过度的恐惧，并且这种恐惧开始干扰到他们的日常生活，那么可能需要进一步关注。这些常见的特定恐怖症可以分为以下几个类别。

- **动物型：**害怕动物，如小虫子。
- **自然环境型：**害怕风暴、高处或水等自然环境。
- **血液－注射－受伤型：**如害怕血液、打针或受伤。
- **情境型：**如害怕坐飞机、穿越隧道或走桥梁。
- **其他类型：**

  大的噪声：有些孩子可能会对大的噪声感到恐惧，如烟花爆竹声、警报声或其他突如其来的噪声。

  窒息：孩子可能害怕窒息，特别是在吃东西时，这种恐惧可能会影响他们的进食。

  呕吐：对呕吐的恐惧可能会让孩子害怕看到或听到他人呕吐，甚至害怕自己呕吐。

  穿戏服的角色：有些孩子可能会对穿戴奇异服装或面具的角色感到恐惧，如在主题公园或派对上遇到的穿小丑戏服的角色。

---

## 如何治疗特定恐怖症

最佳的治疗方法是暴露反应预防（ERP）疗法，即逐步、安全地让孩子练习接触他们所害怕的事物。此外，认知行为疗法可以帮助孩子学会如何面对和调整他们的恐惧心态。在特定恐怖症的治疗中，药物并不是首选。

## 惊恐障碍——"吓破胆"的"恐慌旋风"

惊恐障碍（panic disorder）是焦虑家族中的一员，但它与众不同。患有此障碍的孩子会突然、不可预期地遭遇强烈的恐惧和焦虑，并伴随着像心脏病发作般的身体反应。我们称这种情况为"惊恐发作"。在这样的发作中，孩子可能觉得自己面临巨大的危险，甚至觉得生命即将走到尽头。

更有甚者，这种发作还伴随着一种迫切的想逃离当前环境的冲动。对再次遭遇这种发作的恐惧，有时会成为新发作的诱因。所以，这些孩子往往选择避开曾经发作的地点，如某个商店、公园或学校的某个教室。

虽然在幼儿中这种情况较为罕见，但随着孩子步入青春期，惊恐障碍的可能性逐渐增大。

### 惊恐障碍的症状

惊恐障碍不是简单的害怕或紧张。当孩子表现出以下症状时，他们可能正在经历这种特殊的"风暴"。

● 突如其来的焦虑发作，伴随心跳加速、胸闷、呼吸急促、眩晕、胃部不适和大量出汗；

● 瞬间涌上心头的对死亡或失控的深深恐惧；

● 有时会有一种奇特的感觉，仿佛周围的世界变得不真实；

● 迫切地想要从当前环境中逃离；

● 这些反应迅速加剧，通常在短短十分钟内达到高峰；

● 对未来可能再次遭遇这种发作的深深担忧；

● 选择性地避开之前发作过的地方，尤其是那些感觉"困住"自己的场所，如拥挤的公共场合或封闭空间。

### 如何诊断惊恐障碍

孩子突然在商场里惊恐发作，或者忽然在学校的操场上惊慌失措，这种情况可能并不仅仅是一次简单的恐惧。如何知道这是不是惊恐障碍呢？

首先，精神科医生或心理专家会仔细地了解孩子的病史，确保这些发作不是由其他躯体疾病或与惊恐障碍有相似症状的其他心理障碍（如创伤后应激障碍或强迫症）引起的。

如果其他原因被排除，以下标准将帮助诊断孩子是否患有惊恐障碍。

● 孩子不止一次地经历了强烈的惊恐发作；

● 孩子深深地担忧未来可能再次惊恐发作；

● 孩子害怕下一次惊恐发作可能带来的后果，如失去理智或即将死去；

● 孩子因此而开始改变自己的日常习惯，避免任何可能引发或让他们想起这种恐惧的情境。

## 如何治疗惊恐障碍

惊恐障碍并非不可治愈。实际上，我们有一系列针对惊恐障碍的有效治疗策略。多数情况下，治疗的成功取决于心理治疗与药物治疗的综合应用。

认知行为疗法专门针对那些使孩子产生恐惧并避免相关情境的思维模式。通过认知行为疗法，孩子可以逐渐改变这些模式，从而减轻其焦虑程度。

除此之外，暴露反应预防疗法也是一种非常受欢迎的治疗方法。这种方法通过逐步、轻柔地让孩子面对那些可能引发惊恐发作的刺激，帮助他们逐渐克服对这些刺激的恐惧。

在药物治疗方面，SSRI 类抗抑郁药被证实可以帮助一些孩子有效预防惊恐发作。如果抗抑郁药不奏效，医生可能会建议短期尝试抗焦虑药，如劳拉西泮、阿普唑仑等，同时避免成瘾或依赖的风险。

## 广泛性焦虑障碍——乱如麻的小担忧成为心头重石

大多数孩子的日常生活是无忧无虑的，他们不太在意小错误，更注重玩耍和快乐，他们的生活是自由自在的。而小红很在乎自己是否做得完美，她对自己的要求非常高，好像她生活在一个只要求完美的世界里，任何小小的瑕疵和错误都不被允许。每天醒来，小红的心中充满了对各种事物的担忧。这种感觉是广泛性焦虑障碍（generalized anxiety disorder, GAD）所带来的体验。

广泛性焦虑障碍是一种让孩子和青少年对很多事情都感到担忧的情况。例如，小红每天都在思考自己是否能在学校得到好成绩，是否能在体育课上跑得快些，甚至明天的午餐是否会好吃。即使她在考试中得了高分，她仍然会为下一次的考试而忧心忡忡。

对于患有 GAD 的孩子，这些日常的小事情都可能成为他们心中的重石。

### 惊恐障碍的症状是什么?

患有 GAD 的孩子的担忧不仅仅局限于是否能够完美地完成任务或达到期望，他们还会有以下表现。

● 对日常大小事情都持续感到担忧。例如，小红每天都在各种各样的担忧中醒来。早上起床后，她担忧是否能准时到达学校，即使她平时都能早早到达。午餐时间，小红则会考虑："我选择的食物健康吗？会不会太油腻？"

● 对于作业或测试的表现，他们可能总是过分关心，时常担心自己是否做得不够好。

● 对于未来，他们可能会担心自己是否能实现某些目标，或者达到某种标准。

● 与其他孩子相比，他们的担忧往往更多、更深，如同心中的担忧之云时常笼罩，且挥之不去。

这种内心的担忧也会影响到他们的行为。他们可能更容易生气或感到不安。更为关键的是，这种情绪的压抑还可能导致身体上的不适，如疲劳、胃痛或头痛。不过，由于广泛性焦虑障碍的症状与其他焦虑障碍的症状相似，诊断起来具有一定的难度。

## 焦虑是好事还是坏事

广泛性焦虑障碍在表面上看起来可能为孩子带来某种程度的"优势"，如对完美的追求、高标准和持续的努力。但是，当这些"优势"影响到孩子的日常生活和心理健康时，它们就不再是真正的优势。

首先，要明确的是，焦虑本身并不总是坏事。适度的焦虑可以提醒我们注意某些事情，帮助我们做好准备，或者鼓励我们努力。但当焦虑变得过度、持续，并开始干扰我们的生活时，它就可能成为一个问题。

对于患有 GAD 的孩子，他们的焦虑不仅仅是偶尔发生的或与特定情境相关的。他们几乎总是感到焦虑，这会影响他们的情绪、行为和身体健康。例如，一个孩子可能会因为担心未来的某个事件而无法集中注意力完成当前的任务；他可能会因为害怕失败而避免参与某些活动；他的焦虑可能会导致身体症状，如胃痛或头痛；他可能会因为持续的焦虑而失眠，而这会进一步影响他的日常功能和心理健康。

实际上，GAD 并不是对"努力"或"完美"的主动追求，而是一种无法控制的、过度的担忧。患有 GAD 的孩子可能会过分担忧那些实际上不太可能发生的事情或者不太重要的事情。这并不是他们选择的，也不是他们可以轻易控制的。

虽然某些焦虑的表现在一些情境下看起来像是"优势"，但对于患有 GAD 的孩子来说，这种持续、过度的焦虑带来的负面影响远远超过了它的任何潜在好处。因此，了解和识别 GAD 的症状是非常重要的，可以为孩子提供适当的帮助和支持。

## 如何诊断广泛性焦虑障碍

广泛性焦虑障碍并不只是引发偶尔的、普通的担忧。患有广泛性焦虑障碍的孩子所经历的，是一种持久、深度的焦虑，这种焦虑并不是由日常生活中的特定事件引发的。

如果您注意到孩子：

- 经常表现出无法控制的焦虑情绪；
- 对好几件事情都感到不安；
- 在无明显原因的情况下变得沮丧；
- 在大部分时间里都是这种状态，并且持续了至少六个月。

那么，可能需要进一步关注他们是否存在以下的情况：

- 感觉身体紧绷，难以放松；
- 经常感到疲劳不堪；
- 注意力难以集中；
- 易怒或情绪起伏大；
- 肌肉持续处于紧张状态；
- 睡眠困难，或夜间经常醒来。

值得注意的是，广泛性焦虑障碍通常在孩子进入青春期时被诊断出来，而且在女孩中的发病率要高于男孩。

## 如何应对广泛性焦虑障碍

面对孩子的广泛性焦虑障碍，家长和老师应该如何应对？实际上，这种焦虑障碍可以通过心理治疗、药物治疗或两者结合进行治疗。家长及家庭成员的支持和参与，将成为成功治疗的关键，因为他们能帮助孩子将治疗中学到的技能付诸实践。

● 认知行为疗法是最常用的心理治疗方法，其中的暴露反应预防疗法尤为重要。一般来说，如果孩子和家庭成员能在治疗外的时间里持续练习这些技能，可能只需 10~20 次治疗。

● 某些抗抑郁药，如 SSRI 类药物，对许多焦虑症患者都有效。当然，如果其未能奏效，医生也可能会推荐其他抗焦虑药物。

第三部分

焦虑在儿童与青少年中的
特点与影响

## 常常被忽视的儿童期焦虑

### "小担忧"还是真正的困扰

焦虑是一种自然的情绪。孩子害怕黑暗、对上学有所担忧或对新朋友感到害羞，这些都是孩子成长过程中的常态。但是，当这些"小担忧"开始干扰孩子的日常生活，如一个小女孩非常害怕离开妈妈的视线，或一个小男孩不停地提起一个月前的事情寻求安慰，这可能已经不再仅仅是"小担忧"了，而可能是患上焦虑症的表现。最终，这种病可能开始干扰孩子的友谊、家庭生活和学校学习。即便如此，父母和照料者可能仍然注意不到孩子的焦虑。为何我们如此难以察觉到孩子的焦虑呢？

#### 为何我们难以看到这些"隐形伤疤"

● **焦虑的隐蔽性：** 焦虑不同于其他情绪，它更多地隐藏在孩子的内心深处，不容易在外部行为上明显表现出来。

● **焦虑行为常被误解为成长的一部分：** 家长和老师可能认为孩子的某些行为只是他们成长的一个阶段，会随着时间自然过去。

● **焦虑的外在表现的多样性：** 焦虑可能表现为各种行为，如睡眠困难、过度依赖、情绪暴躁等，这些行为容易被误解为其他问题。

● **标签化描述造成的误导：** 家长和老师可能用"害羞""内向""敏感"等标签来描述孩子，而未深入探索背后可能的焦虑原因。

### 点燃关心的灯塔，为孩子指明方向

孩子的焦虑是真实存在的，而我们作为家长和老师，有责任为他们提供必要的关心和支持。要知道，及时发现并处理儿童时期的焦虑，不仅可以帮助孩子更好地成长，还可以为他们的未来铺设坚实的基石。

## 焦虑未经治疗的后果

儿童的心灵就像一片未经雕琢的水晶，明亮且易受伤。焦虑就如同隐形的"时光炸弹"，如果不及时处理，就可能在未来引发更多问题。

### 延续一生的影响

焦虑障碍与孩子的认知进程有着千丝万缕的联系。随着孩子认知能力的成熟，他们所面临的焦虑形式也会发生变化。例如，儿童的分离焦虑往往表现为对母亲或父亲的强烈依恋，而青少年可能更担忧人际关系，尤其是同伴间的交往。

有一个不能忽视的事实是，焦虑有时像顽固的杂草，不仅持续很长时间，还可能在未来复发。更重要的是，儿童时期的焦虑经常预示着成年后可能出现的情绪问题，尤其是在那些未得到及时治疗的孩子中。实际上，高达80%的焦虑孩子并未接受专业治疗。很多寻求帮助的成年人，在回首童年时，也能找到焦虑的影子。这就意味着，他们很多年都在与焦虑搏斗。如果早在儿童时期就得到了帮助，他们的人生是否会有所不同呢？

## "避而不治" 的恶性循环

如果孩子过度焦虑未得到妥善治疗，他们往往自行寻找方式来应对这种情感困扰。其中，"回避"成了一种普遍而直观的解决方法：面对令自己感到焦虑的事物，他们选择绕道而行，逃避这种情绪。

但遗憾的是，"避而不治"只是权宜之计。这种逃避策略并不能真正解决问题，反而会加深他们的焦虑感。因为每一次逃避，都仿佛在告诉自己："这是我无法面对的"，从而无形中强化了焦虑的深度和范围。

更为严重的是，长时间的焦虑不仅带来情感上的困扰，还可能导致孩子自尊心的逐渐下降、学业成绩的滑坡，甚至滥用药物，试图通过这种方式来寻找一时的宁静。

更值得我们关注的是，焦虑与抑郁症之间存在着某种关联。经常生活在焦虑中的孩子，成年后更有可能患上抑郁症。

## 身体不适通常是儿童体验焦虑的方式

每当我们头痛或胃不舒服，大家都会想，是不是吃错了什么或者太累了。但其实，对于孩子来说，这些"小毛病"背后，可能藏有一个心里的小秘密——焦虑。

想一想，当我们感到紧张或焦虑时，往往就会失眠、食欲下降，甚至胃痛。而对孩子来说，因为他们不太擅长用话语来表达自己的情感，他们的身体就会代替他们"出面"了。

假如孩子总是说胃痛或头痛，尤其是在特定的情境下，如上学或参加考试前，那么这很可能并不只是身体上的小问题，而是他们的内心正在发出求助的信号。这并不意味着孩子在撒谎或故意找借口，而是他们的身体在真实地反映他们内心的不安。

作为父母或老师，我们可以尝试这样与孩子沟通："你的肚子痛，是不是因为你有点紧张或者担心什么呢？"这样可以帮助他们意识到，其实这是他们的身体正在告诉自己，心里有点小烦恼。

当然，如果孩子的症状持续或加重，我们应该及时寻求医生的意见，确保孩子的身体状况没有问题。如果是因为焦虑导致的身体不适，那么心理咨询也许会是一个不错的选择。经过专业的引导，孩子不仅可以更好地认识和理解自己的情感，还可以学到一些实用的应对技巧。

"心心理理"
小课堂

## 儿童时期的焦虑：
## 为何"烦心事"会变成"肚子疼"

当我们提到"焦虑"，大家可能首先想到的是紧张、担心、害怕这些情绪体验。但对于孩子来说，他们的焦虑有时并不直接显现为情绪上的不适，而更多地转化为身体上的反应，如肚子疼、恶心等躯体症状。

那么，为什么孩子在面对焦虑时，身体反应会如此明显呢？

● **身体语言的"代言"**：相对于成人，孩子在表达情绪方面的能力尚不成熟。他们可能还没有学会用言语来描述自己的情绪，但他们的身体会为他们"代言"。就如同小宝宝饿了会哭泣，小朋友焦虑时，他们的肚子可能会为他们"抱怨"。

● **应急机制的反应**：当人体面临压力或威胁时，大脑会启动"应急机制"，促使身体作出应对，因此，有些人会在紧张的时候腹泻或感到恶心。而对于孩子来说，他们的应急机制更为敏感，因此焦虑和身体反应之间的联系更为紧密。

● **身心互动**：心理和生理之间是息息相关的。情绪上的不适往往会转化为生理上的不适。例如，焦虑时，肠胃的蠕动可能会加快，导致孩子出现肚子疼、恶心等症状。

为了帮助孩子，家长和老师可以尝试与他们进行沟通，理解他们内心的所思所感。当孩子说"肚子疼"时，也许不仅仅是要去看医生，更可能是他们需要一个倾听和理解的环境。身心是一体的，当我们关心孩子的身体健康时，也不要忘了关注他们的心理健康。理解孩子，是帮助他们走向健康成长的第一步。

# 焦虑在青少年中的特殊性

## 青少年的焦虑与儿童时期有何不同

青少年和儿童虽然都可能遭遇焦虑，但他们的焦虑内容和形式有很大的差异。随着成长，他们的关注点和所担忧的事情也会发生转变。

在幼儿期，孩子更容易对身边的具体事物或情境产生焦虑，如那些窜来窜去的小虫、夜晚的黑暗、那些他们想象中床底下的小怪兽，甚至是对于离开父母的不安。而到了青春期，他们的焦虑点转向了自我——担心在学业和体育活动中的表现、过于在意他人的看法，以及对身体发育的变化感到不安。

值得注意的是，有些孩子可能从小就体验到了焦虑。也许家长已经察觉，但由于孩子外表上似乎应对得还不错，家长就没有深入干预。也有的孩子经过了治疗，短时间内情况得到了改善。但当他们进入初中、高中，面对更大的学业和社交压力时，焦虑可能卷土重来，且更为强烈。另外，有一部分青少年在进入青春期时首次体验到焦虑，如对社交的紧张和突如其来的恐慌，而他们在儿童时期可能从未有过这样的感受。

## 青春期的孩子担心什么

### ● 对"表现"的担忧

在成长的道路上，许多青少年对自己的"表现"感到焦虑。他们担心学业上不能做得足够好，或者无法达到家长和老师的期望。尽管许多父母尝试告诉孩子，不必为了考试成绩或大学入学而产生压力，但青少年还是会感受到身边的压力，有时甚至对于成绩中的一点点差距都忧心忡忡。

### ● 他人眼中的"自我"

青少年时期，孩子特别关心自己在同龄人眼中的形象。他们非常在乎自己是如何被看待的，担心被误解或是成为众人的焦点。这种敏感性可能导致社交焦虑，他们害怕在公众场合出丑，担心说错话或做出尴尬的动作，害怕被评价为"愚蠢"或"不合群"。

### ● 身体的变化与自我认同

青春期，每个孩子的身体都会发生许多变化，这些生理变化有时会带来心理上的困扰。早熟或晚熟的孩子可能因为与同龄人的差异而感到不自在。特别是一些女孩如果发育较早，可能会感到尴尬或担心。而男孩对身高的问题尤为敏感。例如，一个 15 岁但看上去只有 12 岁的男孩，与那些看起来已经像 19 岁的同龄人站在一起，可能会对自己的自信心产生负面影响。在极端的情况下，一些青少年可能对某个身体部位过于关注，若这种过度关注到了一定程度，就会使他们感到极大的痛苦，并影响到日常生活，这种情况被称为躯体变形障碍，属于强迫相关疾病的一种类型。

## 青少年焦虑症的蛛丝马迹

焦虑症的症状各异，从回避和逃避，到易怒和发泄。尽管青少年擅长掩饰自己的真实感受，家长和老师还是可以从他们的日常行为中捕捉到焦虑的蛛丝马迹。

- 日常恐惧：对日常活动感到担忧或害怕。
- 情绪起伏：变得更加易怒，情绪反应强烈。
- 注意力涣散：难以集中精力，经常走神。
- 敏感自卫：对自我形象极度敏感，害怕受到他人的批评或评价。
- 社交回避：减少与朋友的社交互动，或对集体活动失去兴趣。
- 逃避心态：避免面对挑战或新环境，宁愿留在自己的舒适区。
- 身体不适：经常感到胃痛、头痛，但检查结果往往一切正常。
- 学业问题：成绩突然下降，或对上学产生抵触情绪。
- 过度依赖：经常向父母或亲近的人求助，需要他们的安慰。
- 睡眠困扰：晚上难以入睡，或早上难以醒来，睡眠质量下降。
- 寻求刺激：可能尝试滥用药物或其他物质，以寻求短暂的刺激，逃避现实中的困难。

## 焦虑与拒绝上学

对于青少年来说，学校是他们生活中的重要舞台。校园生活除了学业，还有体育、社交、课外活动等。所以，当孩子们表示不想去学校时，可能并不是他们对学校产生了反感，而是背后隐藏了其他的担忧和恐惧。

之前，有人将孩子不愿上学的现象称为学校恐惧症。这种说法似乎指出学校是让孩子产生焦虑的主因。但事实上，当我们了解到孩子为何不愿去学校时，往往发现真正的原因并不仅仅是对学校的反感。

可能的原因是什么呢？有的孩子担心被老师随机点名，害怕回答错误；有的孩子担心自己在课堂上突然感到紧张，出现恐慌；有的孩子担心自己的打扮或行为会被同学嘲笑。其实，每个孩子的情况都可能不同，背后的故事也不尽相同。对于不愿上学的孩子，我们可能会听到许多不同的、真实的原因。

## 焦虑与不良习惯

当青少年面临焦虑时，他们可能会尝试一些不健康的方式来缓解内心的不适。有些青少年可能会选择吸烟、喝酒或沉迷于电子游戏，认为这些方式可以暂时帮助他们逃避焦虑。

这些做法在短时间内可能会给青少年带来一种暂时的放松感。他们可能觉得这些习惯能够"关闭"大脑中的担忧部分，让他们暂时不再感到焦虑。但从长远的角度看，这种"自我安慰"的方式并不能真正解决问题，反而可能导致青少年更加依赖这些不健康的习惯。

有人认为，吸烟或喝酒可能比其他方式更"健康"。特别是在某些地方，对成年人而言，喝点酒、抽几支烟并不是大不了的事儿。但不论何种物质，过度依赖都不是解决焦虑的正确方法。

值得注意的是，当青少年为了缓解焦虑而频繁使用某种物质或沉迷于某种活动时，他们实际上已经形成了依赖。这和一个人随身携带一瓶"二锅头"来应对生活中的压力没有区别。长期依赖这些不良习惯不仅不能真正解决问题，还可能给青少年带来更多的健康风险。

## 焦虑与抑郁的双重挑战

不少青少年既感受到焦虑的困扰，又陷入抑郁的旋涡。有时，生活中的焦虑与束缚使他们的心情变得沉重，从而走向抑郁。

以小怡为例，她是一位高中生，因为转学到了一个新的高中，面临竞争更加激烈的学习环境，深感压力，因此感到了强烈的社交焦虑。她对失败感到担忧，开始逐渐回避社交活动。由于一次突如其来的恐慌发作，她与身边的朋友渐行渐远，最终孤立自己，深陷抑郁。

事实上，许多孩子在面对生活的压力时，可能同时展现出焦虑和抑郁的症状。但遗憾的是，这种叠加的情况常常被忽视。如果治疗过程中只关注抑郁的表现，而未深入挖掘背后的焦虑，治疗效果往往不尽如人意。

那么，焦虑和抑郁这两种情绪状态到底是如何关联的呢？

通过与众多孩子的交谈，我们发现有些孩子描述：如果他们的焦虑消失，他们会感觉非常好，甚至不再抑郁。这说明，他们的抑郁很可能是由焦虑引起的。而另一些孩子则表示：即使焦虑得到了缓解，他们仍然会感到抑郁，这暗示他们的焦虑和抑郁可能是两种独立但共同存在的情绪问题。

值得注意的是，在孩子的各种焦虑中，广泛性焦虑障碍（GAD）值得家长和教育者高度关注。GAD 并不是如特定恐怖症那样，针对某一特定的事物的明确恐惧，而是对日常生活中的各种事物产生持续和过度担忧。例如，他们可能会过度担心学业成绩、与朋友的关系或未来的职业选择等。令人关注的是，GAD 与成年后的抑郁症之间存在着密切的联系，甚至被视为抑郁症的一个预警信号。这意味着，那些在青少年时期经常感到过度焦虑的孩子，未来更容易受到抑郁症的困扰。

那么，为什么焦虑和抑郁会如此紧密地联系在一起呢？深受焦虑困扰的人们，很难真正感受到生活的快乐。持续的不安和担忧，可能会严重影响一个人的自我价值观、自信心和自尊心。长期如此，很容易导致抑郁。毕竟，如果一个人总是生活在恐惧与怀疑中，那么他的心情是很难开朗起来的。

## 焦虑与行为问题

### 焦虑如何导致问题行为

10岁的小铭在学校里突然情绪失控，因为同班同学的一番话让他很不开心，他忍不住推了对方一下。事情很快升级，老师赶紧上前想要调解，但小铭的情绪似乎已经无法控制。他开始在教室里乱扔书和纸，然后急冲冲地跑出教室。事态逐渐失控，小铭被请进了副校长的办公室，他试图逃跑，甚至对副校长拳打脚踢。为了他的安全，学校最后只得请他的父母将他带回家。

初听此事，大家可能会认为小铭是一个脾气暴躁的孩子，事实上，他以前也有过类似的行为，以至于学校决定禁止他进入食堂，要求他的父母中午将他带回家用餐。

#### 不为人知的内心压力

但真相是怎样的呢？经过评估，我们发现小铭的社交焦虑指数远超一般儿童。面对一丁点的批评或嘲笑，他都无法冷静应对。他害怕被人嘲笑和羞辱，当遭遇使他不安的言语或行为，他很难控制自己，常常选择逃避或者反击。

这个小故事告诉我们一个经常被家长和教师忽略的真相：一些孩子的反抗或攻击行为，实际上可能是他们难以描述甚至意识不到的焦虑所导致的。特别是在很小的孩子身上，他们可能会表现出顽固和依赖的行为，同时可能突然发火或情绪崩溃。

家长和教师们，当我们面对孩子的反抗和叛逆时，除了批评和惩罚，也许我们还应该更多地去了解和关心他们内心的焦虑和压力，帮助他们找到更好的应对方式。

## "坏脾气"的伪装者

焦虑是个神秘的"伪装者"，往往不会按照我们通常的理解来展现自己。它的根源在于人类的生存本能，是一种对外界潜在威胁的身体反应。这种反应使我们的身体做好了面对危险或逃离危险的准备。

然而，每个孩子对待焦虑的方式都是独特的。一些孩子会选择逃避那些令他们害怕的情境或物体，而另一些孩子则可能会因为想要摆脱那种不舒服的情境，而展现出更为激烈的反应。更让人意外的是，这种反应有时会被误解为"坏脾气"或"任性"。

在孩子的行为世界里，有时隐藏着他们的内心焦虑。当我们看到孩子情绪失控、在学校制造混乱或在公共场所突然大哭大闹时，我们可能会首先想到他们是不是太调皮了，或是教育方法出了问题。但有时，背后的"真凶"却是他们无法表达的焦虑和内心恐惧。特别是那些尚未完全掌握表达能力的孩子，或者长时间处于没人倾听他们感受的环境中的孩子，他们可能会通过一系列的行为问题，试图传达他们内心的不安。

 我们都知道，有些焦虑的表现是显而易见的，如孩子晚上在自己的房间里辗转反侧、难以入眠，或是在外出活动时不愿与父母分开。但有些时候，焦虑可能就隐藏在那些表面看起来与之无关的行为里。孩子的暴躁脾气、在学校的混乱行为、在公共场所的大吵大闹，可能都与其内心的焦虑有关。事实上，当这些行为失控的孩子被带到急诊室，诊断结果往往会指向一种情况：严重的焦虑症。

对于家长和教师而言，这意味着什么呢？当我们看到孩子的某些行为时，尤其是"问题行为"，我们可能需要深入探索，去理解背后可能隐藏的焦虑。了解这一点，能帮助我们更加有同理心地引导和支持孩子，而不是简单地将其归类为"不听话"或"故意作对"。

## 学校里的"问题孩子"

在学校的课堂上，突发的破坏性行为往往让教师和其他工作人员措手不及。一个原本乖巧的孩子突然间的叛逆，可能让人难以理解。但有一种常被忽略的原因，那就是未被诊断出的严重焦虑障碍。学校对学生的各种要求和期待对某些孩子来说可能是一个沉重的负担，导致他们无法正常应对，从而表现出破坏性行为。

但这样的行为并不是无缘无故的。一些专家认为，焦虑是导致这些突如其来的课堂问题的关键原因。当孩子无法应对自己的焦虑时，他们可能会疏远那些试图帮助他们的成年人，而不是找到合适的方式来处理这些情绪。

家庭环境也是一个不可忽视的因素。有些孩子可能在家中遭受创伤，导致他们在学校的行为就像是一个小小的"炸药包"，带有威胁性。尤其是那些有注意力缺陷多动障碍（attention-deficit/hyperactivity disorder, ADHD）症状的孩子，他们可能会更加敏感，很容易误读周围的信号，从而进入一种防御模式。

## 焦虑还是 ADHD

在学校课堂中，一些孩子表现出散漫、经常起身、频繁提问、常去洗手间，或是不自觉侵犯他人空间的行为。这样的行为往往会影响其他孩子的学习，并让老师感到困惑。老师可能会思考，为何这些孩子总是有那么多的问题？为何他们如此关心其他孩子是否遵守规则？

一般人可能会认为，这样的孩子可能患有 ADHD。然而，实际上，这些症状更可能指向焦虑。例如，那些注意力无法集中的孩子，可能实际上是有强迫症。他们的行为并不是因为无法集中注意力，而是他们内心由强迫思维导致的焦虑驱使他们将注意力放在缓解焦虑感上。

家长和老师应该深入了解孩子行为背后的原因。焦虑的孩子可能会表现出与 ADHD 相似的症状，但这两者的处理方法和解决策略却大不相同。理解孩子真正的情感需求，能够更好地帮助他们应对日常中的挑战。

## 续篇导读

在本书中，我们通过深入孩子的内心世界，揭开了焦虑的种种面纱。从小悦与隐形的"焦虑怪兽"的案例故事，到详尽的焦虑障碍类型剖析，我们为您勾勒了儿童与青少年焦虑的复杂图景。但了解并识别焦虑仅是第一步，如何实际帮助孩子解开心中的"千千结"，并用恰当的方式引导他们，是每一位家长与老师都面临的挑战。

继《心有千千结：全景解读孩子的焦虑》后，本丛书还为您精心准备了续篇——《从理解到引导，帮助孩子应对焦虑》。在该书中，我们将为家长和教师提供具体的策略和工具，以期在孩子遭遇焦虑时，成为他们的港湾。从应对日常的小焦虑到处理复杂的焦虑障碍，书中详尽的指导将使您成为孩子的最佳支持者。

我们将学习如何识别焦虑的早期迹象，如何与孩子沟通以理解他们的感受，以及如何通过心理干预和必要时的药物治疗来支持孩子的健康成长。通过该书，家长和老师不仅能够帮助孩子应对焦虑，更能教会他们如何在生活中培养韧性和解决困难的能力。

我们真诚地希望，通过这两本书，您能够与孩子一起成长，学会如何在焦虑的风雨中航行，让爱与智慧的灯塔指引孩子驶向内心的宁静港湾。让我们携手，为孩子的健康成长提供一个无比坚实的基石。

# 参考文献

[1] 世界卫生组织. ICD-11 精神、行为与神经发育障碍临床描述与诊断指南 [M]. 王振, 黄晶晶, 主译. 北京: 人民卫生出版社, 2023.

[2] 施慎逊, 张宁, 司天梅, 等. 《中国焦虑障碍防治指南》第二版解读 [J]. 中华精神科杂志, 2024, 57 (6): 327-336. DOI:10.3760/cma.j.cn113661-20240221-00065.

[3]National Alliance on Mental Illness. Anxiety Disorders[EB/OL]. (2017-12-31)[2025-04-30]. https://www.nami.org/about-mental-illness/mental-health-conditions/anxiety-disorders/.

[4]American Psychiatric Association. Diagnostic and statistical manual of mental disorders[M]. 5th ed. Washington, DC: American Psychiatric Publishing, 2013.

[5]World Health Organization. Mental health of adolescents[EB/OL]. (2024-10-10)[2025-04-30]. https://www.who.int/news-room/fact-sheets/detail/adolescent-mental-health#:~:text=Emotional%20disorders%20are%20common%20among,and%20unexpected%20changes%20in%20mood.

## 术语解析

### 焦虑障碍的疾病分类

在《精神障碍诊断与统计手册（第五版）》（DSM-5）中，焦虑障碍（Anxiety Disorders）是一个独立的分类，涵盖了与焦虑相关的多种疾病，其中包括多种类型。

**选择性缄默症（selective mutism）**：这种焦虑症的特点是孩子在某些社交环境中（如学校或与不熟悉的人相处时）完全不说话，但在其他环境中（如家里）则能正常交流。这种障碍通常在儿童期被发现，并可能影响孩子的学校表现和社交能力。

**分离焦虑障碍（separation anxiety disorder）**：这种焦虑症的特点是孩子对与依恋人物的分离过度恐惧，超出了发展阶段的预期水平。

**社交焦虑障碍（social anxiety disorder）**：这种焦虑症的特点是孩子对一个或多个社交情境有强烈恐惧，担心被别人评判或在他人面前出丑。

**特定恐怖症（specific phobia）**：这种焦虑症的特点是孩子对特定对象或情境感到显著和持续的恐惧，通常导致孩子做出回避行为，或忍受极度恐惧或焦虑。

**惊恐障碍（panic disorder）**：这种焦虑症的特点是孩子重复出现恐慌发作，即感受到突发的、强烈的恐惧或不适，并伴随身体症状，如心跳加速、出汗或颤抖。

**广场恐怖症（agoraphobia）**：在以下情境中对两个或更多情境感到恐惧或回避：使用公共交通工具、处于开放的空间、处于封闭的空间、站在队伍中或处于人群中、独自外出离家很远。这些恐惧是由于孩子担心逃脱困难或在这些情境中可能不易求助，特别是出现恐慌症状或其他尴尬的症状时。

广泛性焦虑障碍（generalized anxiety disorder, GAD）：这种焦虑症的特点是孩子表现为至少六个月的过度焦虑和担忧，对多个事件或活动感到不安，难以控制这种担忧。

## 其他专业术语

动物型恐惧症（animal phobias）：孩子对动物（如小虫子）感到强烈的害怕和恐惧。

自然环境型恐惧症（natural environment phobias）：孩子对自然环境元素（如风暴、高处或水体）产生的畏惧。

血液 – 注射 – 受伤型恐惧症（blood-injection-injury phobias）：孩子对看到血液、注射或受伤有强烈恐惧反应。

情境型恐惧症（situational phobias）：孩子对特定情境如坐飞机、穿越隧道或走桥梁等感到恐惧。

表演焦虑（performance anxiety）：特指孩子在考试、表演或特定表现场合下的焦虑，可能影响孩子的表现和记忆。

注意力缺陷多动障碍（attention-deficit/hyperactivity disorder, ADHD）：一种症状包括注意力不集中、冲动和过动的神经发育障碍。易与焦虑障碍相混淆。

强迫症（obsessive-compulsive disorder, OCD）：一种和焦虑高度相关的精神障碍，特点是不受欢迎的强迫思维和 / 或重复的强迫行为。（更多信息参阅《走出强迫的迷宫》）

滥用药物（substance abuse）：指为了缓解焦虑而频繁使用药物或其他物质，这并不是解决焦虑的正确方法。

选择性 5- 羟色胺再摄取抑制剂（selective serotonin reuptake inhibitor, SSRI）类药物：一类常用于治疗焦虑和抑郁症的药物，它们通过调整大脑中的化学物质来减轻焦虑症状。

抗抑郁药（antidepressants）：用于治疗抑郁症和焦虑障碍的药物，如选择性 5- 羟色胺再摄取抑制剂（SSRI）类药物。

抗焦虑药（anxiolytics）：用于缓解焦虑症状的药物，有时包括苯二氮䓬类药物，如劳拉西泮（Lorazepam）等药物，需要在医生监控下使用，因为有些药物存在成瘾风险。

β 受体拮抗剂（beta blockers）：通常用于治疗高血压和心脏病，但也可作为短期治疗焦虑的药物，尤其是表演焦虑，因为这种药物可以减轻与焦虑相关的身体症状，哮喘患者禁用。

暴露反应预防（exposure response prevention, ERP）：一种特别用于治疗强迫症的认知行为治疗技术，让患者逐渐面对引起焦虑的情境而不进行回避或强迫行为。

## 附 录

### 相关量表

以下是几种用于评估儿童和青少年焦虑症状及其对日常生活影响的量表。在使用这些量表作评估时，最好在心理健康专业人员的指导下进行，以确保评估结果的准确性。

儿童焦虑量表 (Pediatric Anxiety Rating Scale, PARS)：这个量表用于评估儿童和青少年的焦虑症状严重程度及其对生活的影响。

儿童焦虑性情绪障碍筛查量表 (Screen For Child Anxiety Related Emotional Disorders, SCARED)：家长和孩子都可以填写这个量表，它包括了广泛性焦虑、恐慌、社交焦虑等不同焦虑症状的问题。

儿童版焦虑敏感性指数 (Childhood Anxiety Sensitivity Index, CASI)：这个量表用于衡量儿童对焦虑体验（如心慌或呼吸急促）敏感性的程度。

儿童焦虑生活干扰量表 (Child Anxiety Life Interference Scale, CALIS)：由儿童和家长共同完成，用于评估焦虑如何干扰儿童的家庭生活、学校活动和与朋友的关系。

青少年焦虑抑郁自评量表 (Revised Children's Anxiety and Depression Scale, RCADS)：用于评估青少年的焦虑和抑郁症状，包括社交焦虑、恐慌症状、广泛性焦虑等。